Florian Klein

Aus der Reihe: e-fellows.net stipendiaten-wissen

e-fellows.net (Hrsg.)

Band 1440

Rauchen als kommerzielle Krankheit. Wirkstoffe der Zigarette und gesellschaftliche Akzeptanz

GRIN Verlag

Bibliografische Information der Deutschen Nationalbibliothek:

Die Deutsche Bibliothek verzeichnet diese Publikation in der Deutschen National-
bibliografie; detaillierte bibliografische Daten sind im Internet über http://dnb.d-
nb.de/ abrufbar.

Impressum:

Copyright © 2012 GRIN Verlag GmbH
Druck und Bindung: Books on Demand GmbH, Norderstedt Germany
ISBN: 978-3-656-97753-7

Dieses Buch bei GRIN:

http://www.grin.com/de/e-book/300693/rauchen-als-kommerzielle-krankheit-
wirkstoffe-der-zigarette-und-gesellschaftliche

GRIN - Your knowledge has value

Der GRIN Verlag publiziert seit 1998 wissenschaftliche Arbeiten von Studenten, Hochschullehrern und anderen Akademikern als eBook und gedrucktes Buch. Die Verlagswebsite www.grin.com ist die ideale Plattform zur Veröffentlichung von Hausarbeiten, Abschlussarbeiten, wissenschaftlichen Aufsätzen, Dissertationen und Fachbüchern.

Besuchen Sie uns im Internet:

http://www.grin.com/

http://www.facebook.com/grincom

http://www.twitter.com/grin_com

Seminararbeit

aus dem Leitfach Biologie

Thema:

Rauchen

Eine kommerzielle Krankheit

Autor	:	Florian Klein
W-Seminar	:	„Was uns krank macht"

Inhaltsverzeichnis

I. Historische Entwicklung des Rauchens

„Wer raucht, der setzt sein Leben aufs Spiel"[1].

Diese Aussage ist heute zu einer vielfach vertretenen Devise geworden. Doch das galt nicht immer so. Vielmehr hat das Rauchen auf dem europäischen Kontinent eine lange und facettenreiche Entwicklung durchlaufen, welche stets auf dem Zusammenspiel zweier grundlegender Aspekte beruhte: Der kulturellen Wertentwicklung des Tabakrauchens und der dem System zugrundeliegenden, kommerziellen Ausschlachtung dieses *Kulturguts*.

1. Kultur

Die europäische Kulturentwicklung des Tabakrauchens ist geprägt von zweierlei Assoziationen. Dem Konnex von *Tabak und Freiheit* und dem Konnex von *Tabak und Krieg*. Einerseits stellte die Tabakpflanze, seit ihrer Überführung nach Europa, ein Zeichen sozialen Widerstandes gegen staatliche Willkür dar. Denn das Novum ging einher mit der Vorstellung von Freiheit und Fortschritt. „Und was den einen der Gestank der Hölle war, das war den anderen der Duft der Freiheit."[2] Verstärkend auf das Bekenntnis der Bevölkerung zum Tabak hin, wirkte sich außerdem die Funktion des Nikotins als Bindemittel in der bestehende Drogen- und Genusskultur aus. Seine hervorgerufene Wirkung der trockenen Trunkenheit kombinierte in sich die zwei Wirkungsextrema der Beruhigungs- und der Berauschungsmittel.

Andererseits wandelte sich der Tabak, durch den 30-jährigen Krieg und beide Weltkriege, vom Exklusivprodukt des Adels hin zum Massenprodukt des Volkes. Nach dem Ende des zweiten Weltkriegs war die schnelle Zigarette als Alltagsdroge vollends etabliert.

Pauschalisiert ist die kulturelle Geschichte des Tabaks die Verbreitung einer indianischen Drogenkultur in der europäischen Gesellschaft. [3]

---

[1] Prof. Dr. Olivier Ndjimbi-Tshiende

[2] Spode, Hasso: „BUKO Agrar Dossier 24 – tabak"; IV: Rauchzeichen. Zur Kulturgeschichte des Tabaks,

[3] Spode, Hasso: „BUKO Agrar Dossier 24 – tabak"; IV: Rauchzeichen. Zur Kulturgeschichte des Tabaks

2. Kommerz

Die kommerzielle Ausschlachtung der Droge Tabak lässt sich in drei, sich kontinuierlich radikalisierende Phasen einteilen.

Die erste Phase kann man aus heutiger Sicht kaum als kommerzielle Vermarktung bezeichnen. Der Tabak ist in der Welt weitgehend unbekannt. Lediglich indianische Stämme in Amerika kultivieren die Tabakpflanze, um sie in rituellen Bräuchen, wie der Friedenspfeife, zu rauchen und in Australien werden Wildtabake zum Zwecke der Stimulation gekaut. Jeder Stamm baut seinen Bedarf an Tabak selbst an, bzw. sammelt diesen und der erwirtschaftete Ertrag wird von allen Stammesangehörigen gleichermaßen genutzt. Die Dorfgemeinschaft reguliert ihren Tabakkonsum.

Die zweite Phase setzt mit der Entdeckung Amerikas ein. Damit verändert sich das Geschäft mit der Droge schlagartig. Das stimulierende Gewächs der Indianer erregt großes Interesse in der Bevölkerung vieler Staaten und so entstehen bald internationale Geschäftsbeziehungen mit den Seemächten über den Import von Tabak. Nun reguliert jeder Staat den Tabakkonsum seiner Bürger.

Zu Beginn des 20. Jahrhunderts gelingt die industrielle Herstellung der Zigarette. Es ist ein Massenprodukt geschaffen, das von wenigen Konzernen produziert und vermarktet werden kann. Die dritte Phase ist erreicht. Globale Firmen regulieren den Tabakkonsum von Zielgruppen.

Heute verfügen fünf global agierende Konzerne über 84,2% der Marktanteile des Tabakwelthandels. Drei von ihnen, Imperial Tobacco, British American Tobacco und Altria liegen sogar in privater Hand. Bei einem weltweiten Raucheranteil unter den Erwachsenen von einem Drittel, sind es circa eine Milliarde potentieller Kunden, die sich diese fünf Tabakmultis aufteilen müssen. Um neue Kundenmengen oder Käufer anderer Hersteller ihrem Konsumentenkreis hinzuzufügen, ist den globalen Tabakkonzernen jedes Mittel recht.

Erstes Instrument hierfür ist die Werbung. Auf spezielle Zielgruppen zugeschnittene Zigarettenmarken, wie die Frauenmarke VerginiaSlims von Philip Morris, führen gerade bei der Erschließung neuer Märkte zu lawinenartigen Massen an Neu-RaucherInnen. In diesem Punkt ist es noch relativ leicht für einen Staat, seine Bürger vor dem Kommerz eines krankmachenden Produkts zu schützen. Es können gegen den Widerstand der Medien - denn ihnen entstehen herbe Verluste durch das Ausbleiben der Zigarettenwerbungen - Werbeverbote für Tabakprodukte erlassen werden. Reagiert ein Staat in dieser Weise auf die Einmischung der transnationalen Tabakindustrie, so treten gewieftere Taktiken auf den Plan.

Zunächst wird die ausbleibende Zigarettenwerbung durch Sponsoring von Veranstaltungen wie Sportevents ersetzt. Parallel dazu wird mit gewaltigen Finanzmitteln versucht, die krankmachende Wirkung der Zigarette zu vertuschen, um so ein *sauberes* Image zu wahren. Helmut Wakeham, einer der Direktoren bei Philip Morris, gab in internen Dokumenten zu, dass „die Industrie öffentlich und häufig negiert [habe], was andere als Wahrheit ansehen. [Denn] Negativbeweise dafür zu erbringen, dass Zigarettenrauchen keine Krankheit verursacht [ist] eine äußerst schwierige, wenn nicht unmögliche Aufgabe"[4] .

Müssen neue Märkte erschlossen oder, sich von der Abhängigkeit lösende, gehalten werden, so erreichen die Methoden ein neues Maß an antidemokratischem und unmenschlichem Potential. Durch gezieltes Fördern von Schmuggelware und Schwarzmarkthandel werden die Marken der Tabakmultis - in den von ihnen noch nicht kontrollierten Staaten - der Bevölkerung bekannt. Gleichzeitig bieten die Konzerne der jeweiligen Regierung ihre Zusammenarbeit zur Verbesserung der einheimischen Lebensmittel und Genusskultur an. So werden nach und nach nationale Monopole unterlaufen und verdrängt. Temporäre Joint Ventures und Lizenzverträge ersetzten jenen frei werdenden Rechtsraum.

Gelingt es einem Nationalstaat sich auch hierbei nachhaltig zur Wehr zu setzten, wie es beispielsweise im Japan der 90er Jahre der Fall war, so können die Konzerne auf die Unterstützung ihrer Heimatstaaten zurückgreifen. 1985 drohte der Senator North Carolinas, Jessie Helms: „Wenn Japan seinen Markt nicht öffnet […], werden japanische Güter in den USA boykottiert"[5]. Japan hielt damals dem Druck nicht Stand und knickte ein.

Jene Methoden der Tabakindustrie, die H. Geist, P. Heller und J. Waluye in ihrem Buch „Rauchopfer – Die tödlichen Strategien der Tabakmultis" beschreiben, wirken auf mich so absurd, so fernab meiner Vorstellung einer demokratischen, westlichen Gesellschaft, dass ich sie anfänglich nicht glauben konnte. Doch abschließend fordern die

---

[4] Burger, Renate; Davani, Keyvan: „Schwarzbuch Zigarette"; Kapitel 6: Lüge und Manipulation – Das Komplott der Tabakindustrie, Seite 62/63

[5] Geist, Helmut; Heller, Peter; Waluye, John: „Rauchopfer – Die tödlichen Strategien der Tabakmultis"; Invasion neuer Märkte, Tabakkontrollpolitik – Einmischung und Drohungen, Absatz 3

Autoren in den folgenden vier Punkten eine Unterstützung für die Lage der Entwicklungsländer im internationalen Kräftemessen um den Tabak:

„• Tabakkonzerne sollen sich weltweit *mindestens* an die Standards bei   Produkt, Marketing, Promotion und Verkauf halten, die auch in ihren Heimatländern bestehen.

• Tabakkonzerne sollen keinen Einfluss mehr auf Regierungen und Ge-   setzgebung der Entwicklungsländer ausüben.

• US- und UK- Regierung sollen aufhören, ihre Tabakfirmen mit Exportaktivitäten zu unterstützen.

• Handelssanktionen der US-Regierung, die in Beziehung zu Tabak ste-   hen, sollten illegal sein."[6] [7] [8]

Schon die Tatsache, dass diese, meiner Meinung nach selbstverständlichen Regelungen für das internationale Tabakgeschäft erst gefordert werden müssen, wirkt auf mich erschütternd. Der Zusatz aber, dass die Forderung an die US-Regierung, den Vertrieb einer todbringenden Substanz wenigstens nicht mehr aktiv zu unterstützen, so surreal ist, dass diese sogar im Konjunktiv formuliert werden muss, verschlägt mir fast die Sprache und nimmt mir das Vertrauen in eine demokratische und menschenfreundliche Welt.

II. Die Zigarette - eine Versuchung der es zu widerstehen gilt

Da ich mit meinem Vorstellungsvermögen in Bezug auf den globalen Umgang mit der kommerziellen Vermarktung der Krankheit Rauchen an meine Grenzen kam, habe ich nun versucht, mir in meinem persönlichen Umfeld „von der anderen Seite des Aschenbechers"[9] berichten zu lassen.

Zu diesem Zweck habe ich 15 Jugendliche zwischen 16 und 23 Jahren via *facebook* zu einem Projekt „StopSmoking2012" eingeladen *(siehe Anhang; Anschreiben)*. Die Resonanz war mäßig. Etwa ein Drittel der Angesprochenen war so wenig überzeugt, das Rauchen sein zu lassen, dass sie gar nicht auf mein Anschreiben antworteten. Jedoch drei Jugendliche zeigten sich motiviert mit mir dieses Projekt in Angriff zu nehmen: Lukas Müller (16), Andreas Galanis (18) und Leon Teckner (18).

---

[6] Geist, Helmut; Heller, Peter; Waluye, John: „Rauchopfer – Die tödlichen Strategien der Tabakmultis"; Invasion neuer Märkte, Prävention und Kontrolle, Absatz 3

[7] Kaschinski, Kai: „BUKO Agrar Dossier 24 – tabak"; Einführung: Rohstoff Nicotiana – Die Tabakpflanze

[8] Geist, Helmut; Heller, Peter; Waluye, John: „Rauchopfer – Die tödlichen Strategien der Tabakmultis"; Invasion neuer Märkte

[9] Klein, Florian: „Anschreiben StopSmoking2012"

Für die Durchführung des Nichtraucher-Programms habe ich mich an dem Buch „Nichtraucher in 5 Tagen!" von Dr. med. J. Wayne McFarland und Elman J. Folkenberg orientiert. Im Quellenverzeichnis können Sie die Orginale der bearbeiteten Umfrage- und Studienbögen einsehen. Zusätzlich zu den drei Genannten, ist dort noch ein weiterer Umfragebogen von Elo Varus (18) aufgeführt.

Zum Ergebnis: Alle drei sind mit ihrem Versuch gescheitert. L. Müller belegte an Tag vier nach zwei Litern Starkbier die These von „Nichtraucher in 5 Tagen!", dass Alkohol die Willenskraft heruntersetze und es so schwer mache, der Versuchung des Rauchens zu widerstehen.[10] Der Versuch von L. Teckner scheiterte seiner Selbsteinschätzung nach an der einzigen Möglichkeit, durch das Rauchen neue soziale Kontakte zu knüpfen. A. Galanis gelang es zwar, die empfohlenen fünf Tage auf den Zigarettenkonsum zu verzichten, er erlag der Versuchung allerdings drei Tage später während einer, für ihn zur Tradition gewordenen Raucherpause im Schulalltag.

Somit ist mein Pilotprojekt eigentlich von zweierlei Standpunkten aus misslungen:

1) Ich als überzeugter Nichtraucher habe es nicht geschafft, wenigstens einen meiner Freunde vom Rauchen abzubringen.

2) Ich habe keine auswertbaren Ergebnisse, wie es einem Raucher nach der Abkehr vom Rauchen geht.

Jedoch lassen jene 15 negativen Ergebnisse auch eine Schlussfolgerung zu: *Ich bin der Überzeugung, dass es für einen Jugendlichen ohne triftigen Grund schwer bis unmöglich ist, die Willenskraft aufzubringen, um nachhaltig mit dem Rauchen aufzuhören.* Die Gründe hierfür mögen zum Teil in der mangelnden Planungsarbeit, beziehungsweise dem kindlichen Charakter eines Teenagers liegen. Im Weiteren zeigen diese Negativbeispiele auch anschaulich die enorme Wirkung des Tabaks auf den menschlichen Organismus. In den folgenden Teilen meiner Arbeit werden ich zum Zwecke der Veranschaulichung deshalb immer wieder auf Einschätzungen, Erfahrungen oder Thesen der Projektteilnehmer zurückgreifen.

---

[10] Nichtraucher in 5 Tagen! Seite 14, Absatz 1

III. Wirkstoffe der Zigarette

„Ich lehne das Rauchen ab, denn ich bin für das Leben."

Mit diesen Worten beginnt mein Gemeindepfarrer, Prof. Dr. Olivier Ndjimbi-Tshiende, einen kurzen Text, in welchem er mir seinen Kerngedanken über das Rauchen aus seiner christlichen Sicht darlegt. Jene Worte bedeuten im Umkehrschluss nichts Geringeres, als die wissenschaftlich vielfältig belegte Aussage, dass Rauchen tötet. Aber welche Stoffe bewirken das? - Welche einzelnen Schädigungen werden durch diese Stoffe hervorgerufen? - Und vor Allem, wie entstehen jene Schädigungen? - Die nun folgende Analyse der in der Zigarette vorhandenen Wirkstoffe wird diese Fragen in ihren Grundzügen beantworten. Aufgrund des beschränkten Umfangs der Arbeit ist eine detaillierte Ausführung nur in ausgewählten Schwerpunkten möglich.

1. Physioaktiv

Hierbei werde ich mich zunächst nur den physioaktiven Stoffen widmen. An diesem Punkt ergibt sich allerdings ein gravierendes Problem, denn es muss eine Abgrenzung gezogen werden, wann ein Stoff als physisch und wann er als psychisch wirksam gilt. Laienhaft betrachtet gilt eine Substanz als mental wirksam, sobald deren Auswirkung nicht sichtbar ist. Allerdings wäre ein aus Nikotinzufuhr resultierender Bluthochdruck keinesfalls sichtbar, könne aber wohl kaum als eine mentale Folge des Rauchens bezeichnet werden. Mikrobiologisch könnte man diese Abgrenzung sehr gut als die im menschlichen Körper vorhandene Barriere sehen, die das Gehirn vom übrigen Körper trennt, die Blut-Hirn-Schranke. So wären Auswirkungen der Stoffe, die fähig sind jene Grenze zu überwinden, mentaler Natur - Stoffe, die dessen nicht fähig sind, körperlicher. Da zum Beispiel das Nikotin zwar die Blut-Hirn-Schranke überwinden kann, aber auch eindeutig als körperlich definierte Auswirkungen hervorruft, ist noch eine dritte Einteilung nötig, eine theoretische. Diese betrachtet Regungsabläufe, welche komplett wissenschaftlich erklärbar sind, als körperlich - jene, die nur über Sammelbegriffe, wie der freud'schen Psyche, erklärbar sind, als geistig. Die im Folgenden von mir vorgenommen Zuordnungen der verschiedenen Auswirkungen mögen teils willkürlich gesetzt erscheinen, allerdings habe ich mich dabei stets an diesem dreigliedrigen Schema orientiert.

a. Nikotin

Meine Wirkstoffanalyse beginnt mit der bereits des Öfteren erwähnten und vielseitigsten Substanz im Zigarettenrauch, dem Nikotin. Nikotin ist ein dem Menschen schon seit Jahrhunderten bekannter Wirkstoff, welcher um das Jahr 1500 durch Columbus in Europa bekannt wurde. Gegen Ende des 16. Jahrhunderts begann die Medizin nach und nach, dem ominösen Wirkstoff der Tabakpflanze „beruhigende und erregende Wirkungen auf das Nervensystem"[11] zuzuordnen, bis schließlich Posselt und Reichmann 1928 aus Tabakblättern eine farblose, fast geruchsfreie Flüssigkeit isolieren konnten, das Nikotin. Korrekt chemisch bezeichnet ist es das linksdrehende-Beta-Pyridyl-Alpha-Methylpyrrolidin *(siehe Abb. 1)*, kurz L-Nicotine. Die durchschnittliche Zigarette hat einen Nikotingehalt von 1%. Gesundheitlich relevant ist allerdings nur der Nikotinwert, welcher auch durch den entstandenen Rauch inhaliert wird. Ein Gramm Tabak verbrennt durchschnittlich zu 2l Rauch, von diesem werden nur ca. 30% als Hauptstromrauch eingeatmet. Die letztendliche Nikotinaufnahme hängt noch einmal massiv vom Rauchverhalten ab. Beim exzessiven Inhalieren nimmt der Organismus 3,0 mg, beim bloßen Mundrauch nur 5 bis 10% davon an Nikotin auf. Für starke Raucher ist es realistisch, dass folglich 60 bis 200mg reines Nikotin pro Tag in ihren Blutkreislauf resorbieren – eine theoretisch drei- bis vierfach tödliche Menge! Die Tatsachen, dass L-Nicotine in einer ersten Abbauphase eine Halbwertszeit von gerade einmal 2 bis 4 Minuten einnimmt und nach etwa 100 Minuten die gesamte resorbierte Nikotinmenge den Blutkreislauf verlassen hat und im Körper aufgenommen ist, verhindert eine tödliche Intoxikation. Aufgenommen wird der Wirkstoff, der ohne weiteres die Blut-Hirn-Schranke passieren kann, im Gehirn. Dort reichert er sich sporadisch in der Großhirnrinde an. Vor allem in der Medulla oblongata *(hier werden Reflexe Geschmack und Feinmotorik gesteuert[12])*, im Thalamus *(verantwortlich für Motorik, Sensorik und Psyche; „Tor zum Bewusstsein"[13])* und im Hypothalamus *(Kontrollinstanz Fortpflanzung, Ernährung, Temperaturregulation und Zeitmessung[14]). (zur Anatomie siehe Abb. 2)* Vermutlich führt die Anreicherung des Nikotins in der Medulla oblongata und im Thalamus dazu, dass in diversen Versuchsabläufen der Nikotineinnahme eine erhöhte Re-

---

[11] Täschner, Karl-Ludwig: „Rauschmittel-Drogen-Medikamente-Alkohol", Seite 166, Absatz 2
[12] www.dasgehirn.info
[13] www.dasgehirn.info
[14] www.dasgehirn.info

aktionsfähigkeit zugeordnet werden konnte. Verabreicht man so beispielsweise Nichtrauchern auf die Schnelle eine hohe Dosis an Nikotin, sind sie in der Lage, eine Taste binnen einer Minute um 5% öfter zu betätigen, als zuvor. Eine bewusste Steigerung der Bewegungsschnelligkeit, wie es beispielsweise *G.N.Connolly* durch den Kautabakkonsum amerikanischer Baseballprofis belegen wollte, ist allerdings nicht zu erkennen. Dies hätte den Tabak als eine Art Dopingdroge etablieren können. Offenbar fördert das Nikotin im Tabak also die Realisierung von Reizen und folglich wird das Rauchen in diesem Punkt wohl einen positiven Effekt auf den menschlichen Körper haben.

Allerdings gab nun der 16-jährige Lukas Müller in meiner Umfrage bei jugendlichen Rauchern an, dass „die schädlichste (Substanz) in Zigaretten […] das Nikotin," sei. Als Begründung hierfür nannte er, „da man ohne es nicht süchtig werden würde!". Und genau dies ist der Punkt. Das Nikotin führt in die körperliche Abhängigkeit und diese liegt allen anderen Schädigungen zu Grunde. Die körperliche Abhängigkeit resultiert aus der Gewöhnung des Organismus an die Zufuhr von Nikotin. Dieses wirkt primär auf die Ganglienzellen des autonomen Nervensystems - der Teil des Gehirns, welcher vollkommen unabhängig vom Willen, beziehungsweise dem Bewusstsein des Konsumenten, existiert - ein, indem es diese reversibel hemmt. Einmal aufgenommen und im Gehirn absorbiert, depolarisiert das Nikotin die postsynaptische Membran zweier verknüpfter Ganglienzellen, hemmt so das gleichsinnig wirkende Acetylcholin und stimuliert gleichzeitig hormonliefernde Zellen im Nebennierenmark. So werden neben dem im Überfluss vorhandenen, weil nicht zur Depolarisation der Membranen gebundenen Acetylcholin, auch die Hormone Adrenalin und Noradrenalin in den Körper ausgeschüttet. Diese bewirken weitere, temporäre Schädigungen, beziehungsweise Risikoerhöhungen. Der Organismus gewöhnt sich rasch an die übermäßige Hormonausschüttung, bildet auf zellulärer Ebene eine Toleranz dafür aus, und so kann es bereits nach 100 gerauchten Zigaretten zur körperlichen Abhängigkeit kommen.

Die Folgeerscheinungen der Blockierung der Acetylcholinrezeptoren wirken sich auf das Herz-Kreislaufsystem und den Magen-Darmtrakt aus. Der Herzschlag verlangsamt sich direkt nach der Nikotinzufuhr merklich, darauf folgt allerdings eine erhebliche Beschleunigung desselben. Da sich mitunter auch die peripheren Blutgefäße verengen, kommt es zu einem massiv gestiegenen Blutdruck, welcher das Risiko eines

Schlaganfalls, eines Herzinfarkts *(Myokardinfarkt)* oder aber den Verschluss einer Arterie in den Gliedmaßen erhöht. Letzteres kann im Extremfall zum so genannten Raucherbein mit notwendiger Amputation führen. Im Magen-Darm-Kanal wird die glatte Muskulatur „so gereizt, dass der Tonus des Dünndarms stark ansteigt und sich Diarrhö einstellt. Die Sekretion der Magen-, Speichel-, Schweiß- und Bronchialdrüsen nimmt zu."[15] Diese temporären Folgeschädigungen nehmen mit gehäuftem Konsum in ihrer Intensität ab. Darüber hinaus schädigen den Raucher auch noch die indirekten Folgen seiner körperlichen Abhängigkeit. Hierunter fällt zum einen der Stress, welcher sich aus sozialen Spannungen zwangsläufig in irgendeiner Weise ergibt, zum anderen die gesundheitlichen Schäden der anderen Substanzen, - zum Beispiel dem Tabakteer - die ein abhängiger Raucher unweigerlich mit dem Nikotin zusätzlich aufnimmt.

b. Tabakteer

Wohl keine andere Schädigung des eigenen Körpers lässt sich so anschaulich und bildlich beschreiben, wie jene, die von den umgangssprachlich als Tabakteer bezeichneten Kohlenwasserstoffverbindungen - angelagert auf der Lungenoberfläche - herbeigeführt werden. Und während der jugendliche Raucher die Ursache für seine in eventuell zehn Jahren notwendige Lungenoperation weiter einatmet, spaßt er mit Sprüchen wie „Es gibt nur einen Weg zu Lunge und der muss geteert sein!", Andreas Galanis (18). Der angesprochene metaphorische Vergleich zwischen den pechschwarzen Anlagerungen auf den eigenen Lungenbläschen mit der Asphaltierung eines Verkehrsweges trifft sowohl aufgrund des optischen Eindrucks *(siehe Abb. 3)*, als auch aufgrund der Bezeichnung eines weit gefassten Sammelbegriffs, zu. Asphalt ist ein Stoffgemisch aus Gesteinskörnchen und Bitumen. Bitumen ist der Sammelbegriff für die aus Erdöl gewonnenen verschiedensten Kohlenwasserstoffverbindungen. Tabakteer ist wiederum der Sammelbegriff für über 90 verschiedene Schwebeteilchen im Aerosol des Tabakrauchs. Jene Schwebeteilchen unterscheiden sich dahingehend von den später erläuterten toxischen Verbindungen *(siehe III.c.)*, dass es sich hierbei um vielverzweigte, komplex strukturierte organische Verbindungen handelt, die aufgrund ihrer Größe nicht über die Lunge in den Blutkreislauf resorbiert werden können. Eine Übersichtstabelle zu einigen Beispielen hierzu befindet sich im Anhang *(siehe Tab. 1)*.

---

[15] Täschner, Karl-Ludwig: „Rauschmittel-Drogen-Medikamente-Alkohol", Seite 170, Absatz 4

„Von entscheidender Bedeutung für die Diskussion der Gesundheitsschädigung durch das Tabakrauchen ist die Frage nach der krebserzeugenden Wirkung[16]" dessen. Als krebserregend, beziehungsweise karzinogen aktiv, bezeichnet man eine Substanz, die das Genmaterial einer Zelle so verändert, dass diese - dann mutierte Zelle - sich unkontrolliert und vermehrt teilt. Die entstandenen Tochterzellen tragen jene Mutation auch in sich und geben diese durch Mitose weiter. Speziell polyzyklische aromatische Kohlenwasserstoffe (aromatische Verbindungen mit komplexen Ringsystemen) als Teil des Tabakteers wirken stark karzinogen, da sie in den Abbauphasen infolge der Ringöffnungen mit der DNA reagieren können. Die Größe ihrer räumlichen Struktur verhindert allerdings, dass sie ins Blut aufgenommen werden. Somit wirken sie nur in dem Bereich des Atmungssystems mutagen. Allen voran ist das die Lunge. 42 346 Lungenkrebstote zählt das Zentrum für Krebsregisterdaten des Robert Koch Instituts 2008 in Deutschland. Die Gesundheitsberichterstattung des Bundes geht davon aus, dass 19 von 20 dieser Krankheitsfälle aus dem Konsum von Tabak resultieren. Auch von den Schwebstoffen im Aerosol des Tabakrauchs betroffen sind Mundhöhle, Rachen und Kehlkopf. Auf Mundhöhle und Rachen fielen 4 946 Krebsfälle mit Todesfolge und auf tödlichen Kehlkopfkrebs 1 484 Fälle. In der Gesamtheit dieser drei Risikobereiche sind 80 – 90 Prozent der Krebsfälle mit und ohne Todesfolge auf das exzessive Rauchen zurückzuführen. Die Substanzen – Teerpartikel führen bei ihrem chemischen Abbauprozess also nicht selten zu lebensgefährlichen Krebs-erkrankungen.[17][18]

Die Folgen dieser können vielfältig schädigen, genauer werden die Auswirkungen einer Krebserkrankung aber im darauffolgenden Kapitel behandelt. Doch Teerpartikel werden nicht umgehend und auch nicht regelmäßig abgebaut. So nimmt das Krebsrisiko der Organe des Atmungssystems nicht mit der ersten Zigarette exponentiell zu, wird aber nach der letzten Zigarette auch nicht augenblicklich negiert. Dieser Abbauvorgang kann bei ehemals starken Rauchern auch nach mehr als 10 Jahre nach Abstinenz noch nicht abgeschlossen sein. In dieser Zeit verhindern die abgelagerten Teerpartikel eine reibungslose Resorption des Sauerstoffs. Andreas Galanis (18) beschrieb dieses Gefühl „als ob Steine auf meiner Lunge wären", nachdem er einen 1000m Lauf

---

[16] Täschner, Karl-Ludwig: „Rauschmittel-Drogen-Medikamente-Alkohol", Seite 172, Absatz 2
[17] www.gbe.bund.de ; Krankheiten im Zusammenhang mit Tabakkonsum und ihre Folgen, Sterblichkeit
[18] Zentrum für Krebsregisterdaten; krebs_in_Deutschland_2012.pdf

absolviert hatte. Die normale körperliche Reaktion, wenn ein Stoff die Atemwege verengt, ist abhusten. Genau so reagiert der Körper eines Rauchers auch, besonderes nach langen Ruhesituationen - zum Beispiel am Morgen - oder nach sportlicher Betätigung. Dieses überdurchschnittliche, erfolglose Abhusten bezeichnet man im Volksmund als Raucherhusten. Diesem liegt meist eine chronische Bronchitis zugrunde. Jene ist durch eine fortlaufende Überlastung der Filterfunktion der Lunge und durch daraus resultierender übermäßiger Schleimproduktion entstanden. So wird der Organismus anfälliger für virale Erkrankungen, sodass eine simple Lungenentzündung gefährliche Ausmaße annehmen und bei widrigen Umständen sogar zum Tod führen kann. Die verminderte Sauerstoffresorption führt auch zu Atemnot. Diese kann sich bei uneingeschränktem Rauchen leicht von anfänglicher Belastungsatemnot über Atemnot bei Alltagstätigkeiten bis hin zu Ruheatemnot steigern. Ist dies der Fall, so ist meist schon das nächste Stadium erreicht: Eine chronisch obstruktive Bronchitis liegt vor. Sie führt zu Sauerstoffmangel in arteriellen Gefäßen, welche zu Rechtsherzbelastung führt und im Extremfall den Tod durch chronische Rechtsherzbelastung oder durch ein Versagen der Atemmuskulatur, aufgrund dieser übermäßigen Belastung, bedeuten kann. [19]

Die Substanzen des Tabakteers sind also für den Raucher ein Spiel auf Zeit mit seinem Leben. Hierbei bekommt der in seiner Jugend süchtig gewordene Raucher seine Quittung – die Krebserkrankung – erst zu einem zu einem Zeitpunkt, zu dem es bereits zu spät ist. Darüber hinaus ist seit den 80er Jahren durch Langzeitstudien, wie die des japanischen Mediziners Hirayama, empirisch belegt, dass auch Passivrauchen bedeutende Gesundheitsschädigungen hervorruft – es erhöht unter anderem das Lungenkrebsrisiko um 30%[20]. Folglich ist das Rauchen nicht nur ein gefährliches Spiel mit seinem eigenen Leben, sondern auch eines mit dem Leben seiner Arbeitskollegen, Verwandten und Bekannten.

---

[19] www.gbe-bund.de ; 5.18 Chronische Bronchitis
[20] Burger, Renate; Davani, Keyvan: „Schwarzbuch Zigarette", Kapitel 13: Wer raucht mit?

c. Toxische Verbindungen

„Geräuchert hälts länger", diese altmenschliche Weisheit von Leon Teckner (18) mag wohl auf allerlei Lebensmittel - wie Fisch oder Rindfleisch - zutreffen, denn „die im Rauch enthaltenen Phenole, Kerosole, Formaldehyd oder Essigsäure lassen das Ei-weiß der Räucherware gerinnen und wirken so konservierend."[21] Die Illusion diese „Haltbarkeitswirkung" jedoch auf einen Zigaretten konsumierenden Menschen übertra-gen zu können, um sich als Raucher somit die Angst vor dem zerstörenden Einfluss des Tabaks zu nehmen, geht jedoch nicht auf. Denn die - von den im Rauch befindli-chen toxischen Verbindungen ihrer Funktion enthobenen - Proteine, können nun den menschlichen Stoffwechsel nicht mehr katalysieren und so wird der Organismus in erheblichem Maße geschädigt. Im Allgemeinen sind toxische Verbindungen Substan-zen, die aufgrund ihrer chemischen Eigenschaft giftig auf einen Organismus wirken. Im Gegensatz zu den, eigentlich ausschließlich auf die Atmungsorgane karzinogen wirkenden, Verbindungen des Tabakteers, wirken die nun aufgeführten Verbindungen auf den gesamten Körper. Denn sie sind strukturell kleiner und können dadurch in den Blutkreislauf aufgenommen werden.

Ein Beispiel für solch einen Stoff ist das Kohlenstoffmonooxid (CO). Mit einem Anteil von 4,2% am gesamten Gasvolumen des Tabakrauchs, ist es der am stärksten aufge-nommene toxisch wirkende Stoff. Es wirkt als Hämoglobinblocker, indem es sich re-versibel an selbiges bindet. Dies führt zu einer Minderversorgung der Organe mit Sau-erstoff und verstärkt die, durch den Tabakteer bewirkten, Atemnot-ähnlichen Zustände noch zusätzlich. Da die Hemmung reversibel erfolgt, wird das Kohlenstoffmonooxid in normaler Umgebung bereits nach zehn bis zwölf Stunden wieder vollständig abge-atmet. Wird kontinuierlich vor Ende dieses Intervalls erneut geraucht, bleibt der schäd-liche Effekt fortwährend aktiv. Besonders problematisch ist diese Hemmung jedoch bei Kindern, und vor allem beim Embryo im Mutterleib. Raucht die Mutter während der Schwangerschaft, so gelangt das Kohlenstoffmonooxid ungehindert auch in den Fötus und bewirkt hier, durch den verursachten Sauerstoffmangel, gravierende Schäden in der Entwicklung[22]. Ist der Fötus diesem Sauerstoffmangel ständig ausgesetzt, kann es zu Missbildungen und Fehlgeburt kommen.

Des Weiteren werden Verbindungen wie Blausäure (HCN) oder Schwefel-wasserstoff

---

[21] www.lebensmittellexikon.de

[22] www.apotheken-raucherberatung.ch

(H2S) eingeatmet. Sie erzielen dieselbe schädliche Wirkung auf das Hämoglobin. Andere Stoffe werden nur in sehr geringen Mengen resorbiert, wirken allerdings irreversibel hemmend auf Enzyme, sodass diese keine Stoffwechselreaktionen mehr katalysieren können und funktionslos verbleiben. Beispiele hierfür sind Schwermetallionen wie Arsen, Kupfer oder Zink. Speziell Arsen gelangt nur auf Umwegen in den Tabak, da es die Tabakpflanze aus den Schädlingsbekämpfungsmitteln aufnimmt. Somit variiert der Arsengehalt von Zigarette zu Zigarette sehr stark. Jedoch am fatalsten für den Organismus sind jene Verbindungen, die karzinogen wirken und klein genug sind, um ins Blut aufgenommen zu werden. Dies sind kurzkettige Aldehyde wie Formaldehyd (Methanal), Acetaldehyd (Ethanal) oder Acrolein (2-Propenal) beziehungsweise Benzol. Die Folge ist ein zwei- bis dreifach erhöhtes relatives Sterberisiko in Folge von Krebs in zahlreichen Organen des Körpers. Zu diesen zählt man Speiseröhre, Pankreas (Bauchspeicheldrüse), Harn- blase, Niere, Magen und Blut (Leukämie). Die Folgen einer Krebs-erkrankung schädigen den Organismus über zweierlei Wirkungsweisen. Zum einen verdrängt der wachsende Tumor gesundes Nachbargewebe, was zu lokalen Komplikationen führen kann. Blutgefäße können so stark komprimiert werden, dass es zu Durchblutungsstörungen kommen kann. Im Extremfall führen diese Störungen zum Absterben des nachfolgenden Gewebes (Nekrose). Sind Hohlorgane - wie der Darm - vom Einwachsen des Tumors betroffen, so kann es zu Durchbrüchen oder Fistelbildungen im Organ kommen. Tumorfisteln sind häufig die Grundlage für gefährliche Infektionskrankheiten. Dieses Einwachsen von Tumoren in Nachbar- gewebe bezeichnet man als lokale Wirkung der Krebserkrankung. Neben dieser Art der Wirkung tritt auch noch eine zweite in Erscheinung, die systemische Wirkung. Diese beinhaltet das umgangssprachlich als *Streuen eines Tumors* bezeichnete Phänomen. Die Metastasen eines durch das Rauchen hervorgerufenen Tumors - beispielsweise der Bauch-speicheldrüse - führen zu unkontrollierter Vermehrung der Tumorzellen in lebenswichtigen Organen wie zum Beispiel der Leber. Die Funktion dieser essentiellen Organe wird schließlich so beeinträchtigt, dass der Raucher verstirbt. Als systemisch wirkend bezeichnet man weiterhin Störungen der regulierten Hormonausschüttung, welche konsequenterweise zu diversen Folgeschädigungen führt und den Organismus so in erneutem Maße schwächt. [23]

2. Psychoaktiv
Gegengleich entsprechend der Definition zum Physioaktiven.

a. Vorübergehend
Vorübergehend ist von sich aus schon ein sehr vage definiertes Intervall. Speziell beim Gefühlsbarometer des Menschen jedoch wird dieser Begriff nahezu ambivalent. So beschreibt Lukas Müller (16) das vorübergehende positive Empfinden nach dem Konsum einer Zigarette noch als Zeitspanne von „20 bis 30 Minuten". Nach Andreas Glanis (18) hält dieses Empfinden lediglich „bis die nächste Stresssituation kommt" an und bei Elo Varus (18) gar „bis die Schachtel leer ist ..". Die Tendenz weg vom rationalen Zeitgefühl und hin zum Verknüpfen des Auftretens und der Bekämpfung von Suchterscheinungen mit dem irrationalen Zeitverständnis, ist bereits in aller Kürze der Betrachtung und des Konsums erkennbar. So tritt bereits nach der ersten Zigarette ein gewisses positives Empfinden ein.

So fühlt sich Lukas Müller (16) „nach einer Zigarette [...] mental leistungsfähiger". Weiterhin ist er der Überzeugung, dass dieses Fühlen „aber Illusion ist."

Nun, die Norm, dass ein Raucher seinen Konsum zu wenig Positives abgewinnt, ist es nicht. Dennoch, in diesem Fall unterschätzt L. Müller die bewusstseinserweiternde Wirkung des Nikotins. Denn das Nikotin im Tabakrauch führt, zumindest für die Dauer des Konsums zur „gesteigerten" Konzentrationsfähigkeit. Belege hierfür gibt es in Form zahlreicher Versuchsabläufe. Bei einem beispielhaften Versuch hierfür muss sich die Versuchsperson 80 Minuten lang auf den Sekundenzeiger einer Uhr konzentrieren. Immer wenn Selbiger für einen Zeitraum von drei hundertstel Sekunden stehen bleibt, muss ein Knopf betätigt werden. Die Ergebnisse der jeweiligen Versuchsgruppen werden miteinander abgeglichen. Die testenden Gruppen sind komplette Nichtraucher, abstinente Raucher und jene, die auch beim Versuch rauchen dürfen. Man erhält als Ergebnis, dass die unter Nikotineinfluss stehenden Raucher bis 60 Minuten nach Testbeginn immer noch mit derselben Fehlerquote wie anfangs abschneiden. Bei den anderen beiden Testgruppen hingegen war bereits schnell ein konstanter Leistungsabfall nachzuweisen. Ähnliche Ergebnisse erhält man auch bei anderen Versuchsabläufen,

---

[23] www.gbe-bund.de; Krankheiten im Zusammenhang mit Tabakkonsum und ihre Folgen

wie zum Beispiel beim Testen der auditiven Wachsamkeit *(hier muss sich die Versuchsperson auf gesprochene Zahlenfolgen konzentrieren)*. Dies scheint nun zu belegen, dass Nikotin die Konzentrationsfähigkeit des Menschen steigert. In Wahrheit erhöht sie diese aber nicht, sondern bewahrt sie nur für einen längeren Zeitraum. Des Weiteren ist zu beobachten, dass die Konzentrationsfähigkeit nach dem Entzug des Nikotins rapide abfällt. Ungeachtet letzteren Effekts hat sich der Konsum von Tabak zu einer regelrechten *„Arbeitsdroge"* entwickelt, sodass nachzuweisen ist, dass ein Raucher mehr Nikotin zu sich nimmt, wenn er sich geistigen Aufgaben gegenüber sieht.

Auch bei der Betrachtung der langfristigen Wirkung dieser „gesteigerten" kognitiven Fähigkeit, sprich das Lernen und Abspeichern aufgenommener Information im Gehirn, lässt sich dem Rauchen ein scheinbar positives Wirken abgewinnen. Solche Versuchsreihen lassen ein gesteigertes Erinnern zu einem späteren Zeitpunkt ableiten. Allerdings erfolgt dies nur, vergleichbar wie beim Koffeineinfluss, unter der Prämisse, dass sich der Betroffene dann erneut unter demselben Einfluss wie zuvor befindet. Tut er dies nicht, so ist ein enormes Defizit nachzuweisen. So ist dem kontinuierlichen Raucher durchaus eine gesteigerte Lernleistung zuzuordnen. Da beim Unterbrechen der fortwährenden Nikotinzufuhr ein deutlicher Leistungsabfall erfolgen würde, ist dies der direkte Weg in die Abhängigkeit.

Andreas Galanis (18) hingegen, ist der Überzeugung, dass „Die Zigarette an sich entspannt." Hierbei handelt es sich um einen weit verbreiteten Trugschluss. Denn das Empfinden der Entspannung resultiert beim Rauchen zum Teil aus dem Moment der Auszeit. Wie Elo Varus (18) passend feststellte, „könnte (man) stattdessen auch Kekse essen". Doch hauptsächlich ergibt sich die Entspannung beim Rauchen aus der Unterdrückung der Entzugserscheinungen. Stanley Schachter von der Columbia University geht sogar soweit, dass er jegliches positives Empfinden des Tabakrauchens ausschließlich auf diese Unterdrückung zurückführt. Als Belege gegen eine, durch das Nikotin ausgelöste, entspannende Wirkung ist zu nennen, dass die ersten Zigaretten von Nichtrauchern diese Entspannungswirkung meist so gar nicht hervorrufen. Erst mit zunehmendem Konsum steigt die Abhängigkeit, damit die Entzugserscheinungen beim Nicht-Konsum und resultierend daraus die entspannende Wirkung beim Ausbleiben der temporären Schädigungen.

Somit sind die temporären, psychischen Schädigungen des Rauchens als die mentalen Entzugserscheinungen definiert. Diese äußern sich in Summe als ein heftiges Verlangen nach der Droge Tabak. Im Einzelnen fällt die konstant gehaltenen Konzentrationsfähigkeit ab und dem Raucher fällt es schwer sich auf sein Tun zu konzentrieren. Die einst eingeredete Entspannung und Ferne zum Alltagsstress lösen sich in Unruhe und Ungeduld auf. Der Raucher sehnt sich nur noch nach der nächsten Zigarette. Ein häufiges Phänomen dieser inneren Unruhe ist „nervöses Wippen mit den Beinen", wie es A. Galanis bei sich am dritten Tag des Nichtraucher-Programms diagnostizierte. Des Weiteren führt die Nikotinabstinenz zu gesteigertem Appetit, was eine deutliche Gewichtszunahme zur Folge haben kann. Die mentale Leistungsfähigkeit wandelt sich in Kopfschmerz und Schlaflosigkeit trotz Schläfrigkeit. Dies führt zu Gereiztheit und Frustration. Im Extremfall können sogar Angstgefühle und Depressionen die Folge des Nikotinentzugs sein. Ist dies soweit gesteigert, dann liegt meist eine mentale Sucht vor.[24]

b. Dauerhaft

Die mentale, beziehungsweise psychische Sucht ist zwar ein im Volksmund weit verbreiteter, aber eigentlich ein veralteter Begriff. Denn die Bezeichnung Sucht findet sich in vielerlei Ausprägungen wieder. So ist die Sehnsucht das unbedingte Verlangen nach einer Person, einem Ort. Die Habsucht bezeichnet das übersteigerte Verlangen nach materiellem Besitz und Sucht für sich alleine eben das Verlangen nach einem bestimmten Stoff. Korrekter ist daher die Bezeichnung der Abhängigkeit, in unserem Falle die Abhängigkeit eines Rauchers von der Droge Tabak. In III.1.a. wurde die körperliche Abhängigkeit als Toleranzentwicklung des Körpers definiert und ihre Entstehung erläutert. Die Definition oder gar die Entstehung der geistigen Abhängigkeit hingegen ist wesentlich komplexer und nicht klar zu erläutern, da es nicht möglich ist die Funktionsweise unseres Gehirns in allen Facetten chemisch-biologisch zu erklären. Deshalb müssen andere Merkmale in den Vordergrund gestellt werden. Dies sind allgemein Aspekte, die unter der Prämisse eines heftigen Verlangens nach der Droge stehen und welche das Vermeiden unangenehmer Empfindungen zur Motivation haben. Letztendlich spricht man erst dann von psychischer Abhängigkeit, wenn der Betroffene mehr und mehr die Kontrolle über Menge und Zeitpunkt des Konsums verliert, wenn der Abhängige andere Tätigkeiten aufgrund der Sucht vernachlässigt und wenn

---

[24] Krogh, David: „Rauchen – Sucht und Leidenschaft"; Kapitel 6

trotz auftretender schädlicher Folgen der Konsum fortgesetzt wird. [25]

Die Art und Weise wie es zur Abhängigkeit kommt, geht zurück auf den Alltag des Rauchers. In diesem verknüpft er verschiedenste Ereignisse mit dem Konsum von Tabak - für uns seien dies einmal die Beispiele Langeweile beim Fernsehen und konzentriertes Arbeiten. Nun erfolgt die Kopplung im Gehirn von Alltagsereignissen mit dem Handlungswillen „es ist Zeit eine Zigarette zu rauchen"[26]. Für die Droge Tabak ist bei diesen Kopplungen besonders zu beachten, dass keine andere Droge so häufig eingenommen wird und so schnell wirkt. Im Durchschnitt kommt jeder Raucher jährlich auf etwa 70 000 Nikotingaben, wovon er jede mit einem bestimmten Ereignis koppelt.

Als weiteres Maß, wie nachhaltig eine Droge wirkt, gilt „in der Psychologie, dass der Konditionierungseffekt umso stärker ist, je kürzer die Zeit zwischen einer Handlung einerseits und einer Reaktion andererseits ist. In diesem Fall ist die Handlung der Zug an der Zigarette, die Reaktion die Stimulation"[27]. Die verstrichene Zeit beträgt beim Rauchen hierbei gerade einmal acht Sekunden.

Aufgrund dieser gewaltigen Menge an Kopplungen führt die Interpretation eines Gefühls, in unseren Fall Langeweile oder konzentriertes Arbeiten, zum reflexartigen Griff nach der Zigarette. Der psychisch süchtige Raucher assoziiert somit, nach einigen Jahren des Konsums, in allen Bereichen seines Lebens Eindrücke, mit dem Bedürfnis zu rauchen. Da das Rauchen, anders wie der Konsum aller sonstiger Drogen, auch in der Öffentlichkeit und am Arbeitsplatz von der Gesellschaft akzeptiert wird, fällt der Entzug ohne das Verlassen des sozialen Umfelds zahlreichen Nikotinabhängigen so schwer.

---

[25] www.medizinfo.de

[26] Krogh, David: „Rauchen – Sucht und Leidenschaft"; Kapitel 10: Fesseln der Sucht, Absatz 8

[27] Krogh, David: „Rauchen – Sucht und Leidenschaft"; Kapitel 10: Fesseln der Sucht, Absatz 8

IV. Gesellschaftliche Akzeptanz

Wie soeben beschrieben, steht die Anzahl der Abhängigen von einer bestimmten Droge in enger Relation zur spezifischen gesellschaftlichen Akzeptanz. Ein geeignetes Beispiel, wie enorm diese Akzeptanz beim Rauchen ist, bietet die Zigarettenpause. So ist diese etablierte Arbeitspause weder fair gegenüber Nichtrauchern, noch auf irgendeine Art oder Weise legitimiert, wird aber dennoch ohne jede Beanstandung toleriert. Doch wie kommt es zu dieser breiten Akzeptanz?

1. Ein sich selbst erhaltender Kreislauf

Die Gesellschaft wird durch drei Faktoren zur Toleranz der Droge Tabak geprägt. Wie in I. beschrieben, prägt die geschichtliche Entwicklung die Bevölkerung. Tabak wird assoziiert mit dem Gefühl von Freiheit. Freiheit, das ist auch das Stilmittel der Tabakkonzerne, mit welchem sie alte Konsumenten halten und neue anwerben wollen. Der zweite Faktor ist also die beeinflussende Wirkung der Zigarettenwerbung. Der dritte Faktor entspricht der gewaltigen Anzahl der Raucher. Da in etwa ein Drittel der volljährigen Weltbevölkerung rauchen, ist ein Raucher nichts unnatürliches und er wird akzeptiert.

Im Sinne des dritten Faktors bildet sich nun ein zyklischer Effekt heraus. Die breite Akzeptanz des Rauchens führt dazu, dass Abhängige mit dem Rauchen schwer aufhören können und durch Gruppenzwang oder ähnliche Beeinflussungen verfallen stets neue Menschen dem Tabak.

Ein musterhafter Teufelskreis ist das Ergebnis und er reißt all jene, die ihm nicht widerstehen können – mit Ausnahme von Helmut Schmidt, in den vorzeitigen Tod.

2. Ausbruch aus dem Teufelskreis ?

So ermöglicht wohl nur eine radikale Forderung wie jene von Prof. Dr. Olivier Ndjimbi-Tshiende das Ausbrechen aus diesem diabolischen Kreislauf: *„Wer weise ist, der nimmt Abstand sowohl vom Rauchen als auch von Rauchern, die rücksichtslos [...] Menschen [...] in Mitleidenschaft nehmen und mit in den Tod stürzen, was kein Mensch tun darf, weil das Leben nur Gott gehört."*

Doch ist eine Gesellschaft ohne Rauchen denkbar - realistisch? - Renate Burger und Keyvan Danani geben am Ende ihres *Schwarzbuch Zigarette* einen ernüchternden

Ausblick. „Die WHO träume von einer rauchfreien Gesellschaft, die Anfang des nächsten Jahrhunderts erreicht werden solle. Es ist ein Traum, den auch die Drogenmafia träumt … wenn Genussmittel aus der Mode kommen, werden sie durch neue ersetzt. [So würde eine rauchfreie Gesellschaft doch niemals zu einer drogenfreien Gesellschaft führen. Es sei denn], die Pharmaindustrie könnte ein gleichermaßen effizientes „Genussmittel" herstellen und vermarkten, jedoch ohne oder mit nur minimaler Gesundheitsschädigung"[28]. So bleibt die Hoffnung, eines Tages könnten eine Art *Superdroge* vermarktende, multinationale Pharmakonzerne den Kommerz der Krankheit Tabak ersetzten.

What a *Brave New World*[29] this could be!

---

[28] Burger, Renate; Davani, Keyvan: „Schwarzbuch Zigarette", Kapitel 16: Gesellschaft ohne Droge?
[29] dystopischer Roman von Aldous Huxley, 1932

V. Anhang

1. Abbildungsverzeichnis

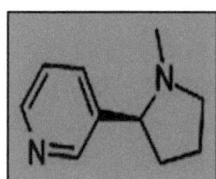

Abbildung 1: Strukturformel L-Nicotine

heruntergeladen am 06.10.2012 von „Chemical Book":

http://www.chemicalbook.com/ChemicalProductProperty_EN_CB5293753.htm

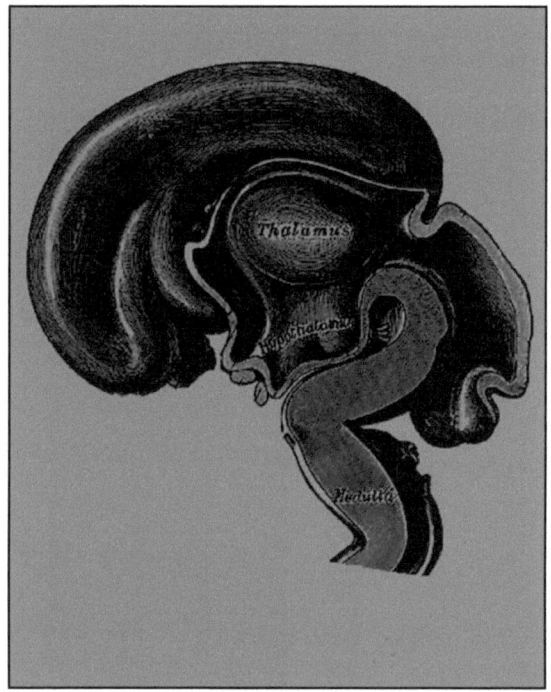

Abbildung 2: (hauptsächliche) Wirkungsbereiche des Nikotins im menschl. Gehirn

heruntergeladen am 06.10.2012 von „Wikipedia":

http://de.wikipedia.org/wiki/Thalamus ; am PC nachbearbeitet.

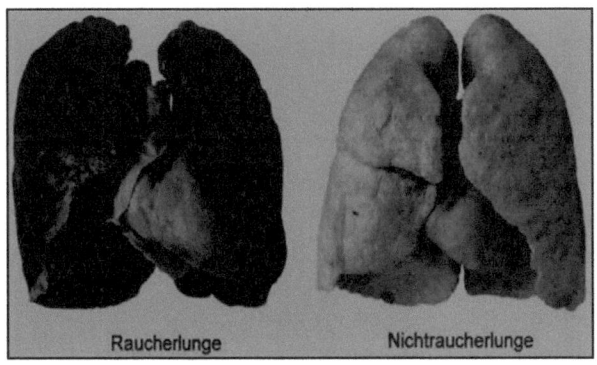

Raucherlunge   Nichtraucherlunge

Abbildung 3: optischer Vergleich Raucher- & Nichtraucherlunge

heruntergeladen am 06.10.2012 von „angioclinic":

http://www.angioclinic.de/spektrum/rauchen.html

Verbindung	Karzinogene Aktivität	Isolierte Menge aus je 1000 Zigaretten in µg
1. Benzo[a]pyren	++++	16
2. Dibenzo[a,l]pyren	++++	0,02–1,0
3. Dibenzo[a,h]anthracen	++	4
4. Benzo[o]phenanthren	+	Menge nicht fest-gestellt
5. Dibenzo[a,j]acridin	+	2,7
6. Dibenzo[a,h]acridin	+	0,1
7. 7H-Dibenzo[c,g]carbazol	+	0,7

Benzo[a]pyren   Dibenzo[a,l]pyren   Dibenzo[a,h]anthracen

Tabelle 1: krebserregende Substanzen im *Tabakteer*

aus *Täschner, Karl-Ludwig: „Rauschmittel-Drogen-Medikamente-Alkohol", Seite 169*

2. Literaturverzeichnis

Quellen :

• Prof. Dr. Olivier Ndjimbi-Tshende: „Gedanken zum Rauchen" ; E-Mail

• Klein, Florian: „Anschreiben – Projekt *StopSmoking2012*" ; facebook

• Projekt StopSmoking2012:
  - ✆ Galanis, Andreas alias Dimopoulos, Gregori: „Studie + Umfrage"
  - ✆ Teckner, Leon alias Terwesten, Ludwig: „Studie + Umfrage"
  - ✆ Müller, Lukas alias Brombacher, Felix: „Studie + Umfrage" ; pdf
  - ✆ Varus, Elo alias Schneider, Daniel: „Umfrage"

Sekundärliteratur :

Printmedien:

• Täschner, Karl-Ludwig: „Rauschmittel-Drogen-Medikamente-Alkohol"; Kapitel 6.1 : „Tabak";
Georg Thieme Verlag, 2002; Münchner Stadtbibliothek

• Geist, Helmut; Heller, Peter; Waluye, John: „Rauchopfer-Die tödliche Strategie der
Tabakmultis"; Kapitel : „Invasion neuer Märkte", „Tabak frisst Bäume und Böden", „Was
Deutschland von (Süd)Afrika lernen kann"; Horlemann Verlag, 2004; Münchner Stadtbibliothek

• Burger, Renate; Davani, Keyvan: „Schwarzbuch Zigarette" ; Kapitel 1, 6, 13, 16; Carl
Ueberreuter Verlag, 2006; Münchner Stadtbibliothek

• Krogh, David: „Rauchen-Sucht und Leidenschaft" ; Kapitel 6, 10, 11; Spektrum
Akademischer Verlag, 1993 ; Münchner Stadtbibliothek

• „BUKO Agrar Dossier 24 - tabak"; Kaschinski, Kai : „Rohstoff Nicotiana – Die Tabakpflanze";
Proctor, N. Robert : „Die Tabakpolitik des Nationalsozialis- mus"; Spode, Hasso : „Rauchzeichen. Zur Kulturgeschichte des Tabaks";   Schmetterling-Verlag, 2000; Münchner Stadtbibliothek

• Dr. med. J. Wayne McFarland; Elman J. Folkenberg : „Nichtraucher in 5 Tagen!"; Heinrich Hugendubel Verlag, 2004

Web-Literatur:

• „dasgehirn.info". Internetseite
- Leyh, Arvid :
    http://dasgehirn.info/entdecken/anatomie/die-medulla-oblongata/
    vom 23.08.2011, aufgerufen am 05.10.2012
- Dr. Wicht, Helmut:
    http://dasgehirn.info/entdecken/anatomie/der-thalamus-dorsalis/
    http://dasgehirn.info/entdecken/anatomie/der-hypothalamus/
    ,vom 23.08.2011 , aufgerufen am 05.10.2012

• „Gesundheitsberichterstattung des Bundes". Internetseite
- Krankheiten im Zusammenhang mit Tabakkonsum und ihre Folgen :
http://www.gbe-bund.de/gbe10/ergebnisse.prc_tab?fid=852&suchstring=4.4_Konsum_von_Tabak&query_id=&sprache=D&fund_typ=TXT&methode=3&vt=1&verwandte=1&page_ret=0&seite=&p_lfd_nr=4&p_news=&p_sprachkz=D&p_uid=gastg&p_aid=72682486&hlp_nr=3&p_janein=J
aufgerufen am 30.10.2012

- 5.18 Chronische Bronchitis :
http://www.gbe-bund.de/gbe10/ergebnisse.prc_tab?fid=927&suchstring=5.18_Chronische_Bronchitis&query_id=&sprache=D&fund_typ=TXT&methode=2&vt=1&verwandte=1&page_ret=0&seite=&p_lfd_nr=1&p_news=&p_sprachkz=D&p_uid=gastg&p_aid=16531738&hlp_nr=3&p_janein=J
aufgerufen am 30.10.2012

• *Robert Koch-Instituts* und *Gesellschaft der epidemiologischen Krebsregister in Deutschland e. V. :* „Krebs in Deutschland 2007/2008". pdf-datei
http://www.rki.de/DE/Content/Gesundheitsmonitoring/Gesundheitsberichterstattung/GBEDownloadsB/KID2012.pdf?__blob=publicationFile , aufgerufen am 20.10.2012
Dateiname auf beiliegendem USB-Stick: „krebs_in_deutschland_Stand2012"

• Frank Massholder: „lebensmittellexikon". Internetseite
http://www.lebensmittellexikon.de/r0000460.php , aufgerufen am 26.10.2012

• Projektleitung: Büchler, Silvia: „Raucherberatung in der Apotheke". Internetseite http://www.apotheken-raucherberatung.ch/de/startseite/facts-zum-rauchen/stoffe-im-tabak-rauch/kohlenmonoxid.html, letzte Änderung: 04.02.2011
aufgerufen am 31.10.2012,

• „MedizInfo". Internetseite http://www.medizinfo.de/sucht/sucht/abhaengigkeit.shtml#psychisch, aufgerufen am 02.11.2012,